1234 56789

My Path to Math

我的数学之路

数学思维启蒙全书

第 1 辑

分类 | 钱 | 国际单位制单位

■ [美] 保罗·查林（Paul Challen） 等 著

阿尔法派工作室 李婷 译

人民邮电出版社

北京

版权声明

目 录
CONTENTS

分类

钱

国际单位制单位

分类

分 类

今天是安娜的生日，她要为生日聚会做准备，她的朋友马上就要到了！安娜和爸爸一起打扫房间。安娜帮爸爸把袜子**分类**，并且把它们放到一边。

分类就是把事物分成**组**。每组中的事物在某些方面是相同的。

▶ 一堆没有被分类的袜子。

拓 展

把混在一起的事物分类的行为被称作**分组**。

分类是把混在一起的事物分组的一种方法。

相似的和不同的

安娜把袜子按颜色分类。她把白色袜子分为一组，这些袜子是**相似的**；非白色的袜子不属于这组，这些袜子是**不同的**。

事物在某些方面有相似性。所有的白袜子是相似的，因为它们颜色相同。安娜也可以按另一种方式分类，比如：有的袜子有花纹，有的袜子没有花纹。

▼ 相似的

▼ 不同的

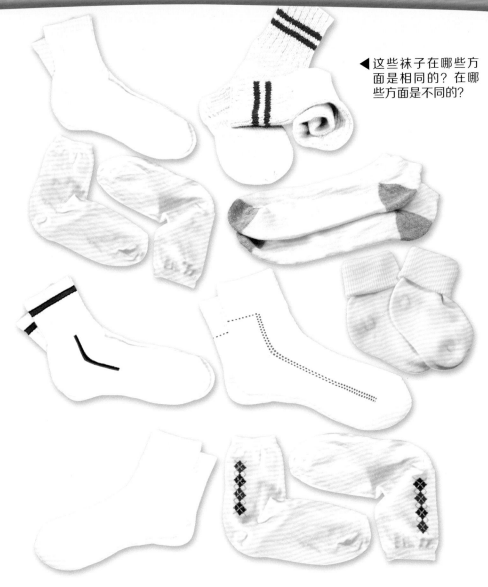

◀ 这些袜子在哪些方面是相同的？在哪些方面是不同的？

拓 展

　　观察上面的白色袜子，把它们分成有花纹的和没花纹的两组。

我们每天都在分类

　　安娜必须通过分类来达到垃圾分类**回收**的目的。垃圾分类回收是为了实现资源再利用。安娜按照回收物品的成分将它们分类。她把玻璃制品放在一个箱子里，把纸质品放在另一个箱子里，塑料制品和金属制品也各有单独的箱子放置。

　　我们每天都在将物品分类。我们在家、在学校、在工作单位都需要将可回收物分类放进对应的垃圾箱。

▼ 回收箱的不同颜色提示我们
　该箱可用于回收何种物品。

在回收物品时，安娜可以练习分类。

分类标准

安娜能用不同方法将事物分类。看看下面这些聚会上用到的物品，她能按颜色将它们分类，也能按它们的成分将它们分类。

如何将事物分类，是一个有关**分类标准**的问题。分类标准规定了事物被分成不同组的依据。在下一页的图中，安娜按颜色分类，所以分类标准就是颜色。

◄安娜将这些物品分类的另一个标准是什么？

拓展

安娜已经将上面的物品分成了两组。她的分类标准是什么？

上图中每组物品的共
同点是什么?

集合

　　一组事物也被称作一个**集合**。安娜有许多布娃娃，她的布娃娃组成了一个集合。她把它们放到一起，因为它们都是布娃娃，在一些方面是相同的。

　　集合中的单独物品被称作**元素**。雷切尔是安娜最喜欢的布娃娃，雷切尔是布娃娃集合中的一个元素。

——元素

拓 展

　　在上图安娜的布娃娃集合里，你看到了几个元素？

安娜的布娃娃并不相同，它们被放到一起是因为它们都是布娃娃。

按颜色分类

安娜的朋友们来参加她的生日聚会，每位朋友都给她带了礼物。每份礼物都被不同颜色的包装纸包起来。安娜按颜色将礼物分类，颜色就是安娜的分类标准。一类颜色的礼物组成一个集合。

按颜色分类可以得到许多集合，因为颜色有很多种。安娜有红色的、黄色的、绿色的和蓝色的礼物。按照这些颜色分类，她得到了4个集合。

拓 展

观察下一页图中安娜和她的朋友们。按照他们衣服的颜色，他们能被分成哪些类？

一切事物都能按
颜色分类。

按大小分类

安娜可以按照不同的标准将礼物分类。安娜收到的礼物，有大的，有小的，也有不大不小的（即中等大小）。

安娜和她的朋友们把礼物分成多个集合。他们按照大中小的分类标准，将礼物分成小的、中等的、大的3个集合。

小的　　　　　　　中等的　　　　　　　大的

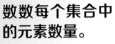

数数每个集合中的元素数量。

小的

中等的

大的

拓 展

上面哪个集合中含有的元素最多？哪个集合中含有的元素最少？

按形状分类

安娜收到的礼物有各种不同的形状。有的礼物全是平面，还有的礼物的轮廓含有曲线，表面不全是平面。

安娜制订了另一种新的标准。她把礼物按照全是平面和含有曲面分类。全是平面的礼物形成一个集合，整体形状含有曲面的礼物形成另一个集合。

含有曲面

全是平面

拓展

数数下一页的图中的形状有几条边。这些花纹块的集合的分类标准是什么？

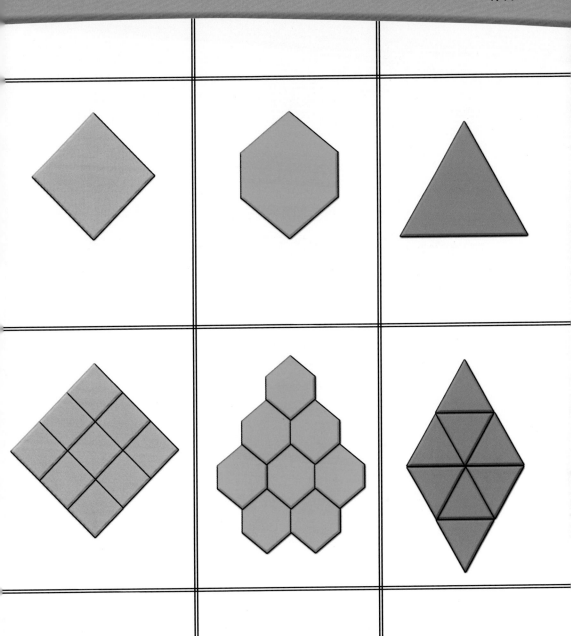

上图中哪个格子里包含的
元素最多？

韦恩图

安娜要把聚会帽分类，她用两个呼啦圈制作了**韦恩图**。在韦恩图中，圆圈的内部区域代表满足某种分类标准的集合。安娜的一个呼啦圈内容纳黄帽子的集合，另一个呼啦圈内容纳蓝帽子的集合。

而有些帽子是黄蓝相间的。黄蓝相间的帽子应该放在两个圆圈相交的部分，代表它们同时属于黄帽子和蓝帽子两个集合。

拓展

这顶帽子该放在韦恩图的哪个区域？

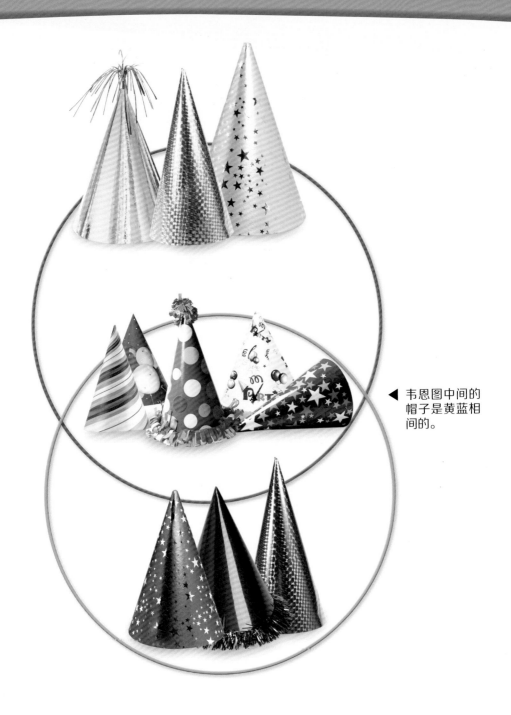

▲ 韦恩图中间的帽子是黄蓝相间的。

术 语

相似的（alike） 两个或更多的物品在某些方面相像。

不同的（different） 两个或更多的物品在某些方面不相同。

元素（element） 集合中的一个条目或一件物品。

组（group） 放在一起的一些物品。

分组（grouping） 把物品分成不同的集合。

回收（recycle） 把物品（多指废品或旧货）收回利用。

集合（set） 放在一起的一组物品。

分类（sort） 把在某些方面相似的物品分成组。

分类标准（sorting rule） 物品被分类的依据。

韦恩图（Venn diagram） 用两个或更多的圆圈来表示不同集合间物品的异同。

钱 是 什 么

钱是有**价值**的一种物品。**硬币**和**纸币**是钱的不同种类。全世界的人都会使用钱来购买商品。

许多人为了赚钱而工作，他们做不同的工作赚得不同数量的钱。人们能用赚来的钱买东西。

我们购物时会用
到钱。

1分硬币

卡伦步行到图书馆，那是她妈妈工作的地方。卡伦在路上发现了一枚**1分硬币**，之后又发现了另一枚。

1分硬币是一种小小的、圆圆的、银色的硬币。每枚1分硬币价值**1分**。

拓 展

你可以将4分写作"￥0.04"。人民币的符号是什么呢？

卡伦在路上发现了
1枚1分硬币。

5分硬币

　　卡伦把1分硬币和她口袋里的**5分硬币**放在一起。5分硬币是一种圆圆的、银色的硬币。每枚5分硬币价值5分。如果你有一些5分硬币要数的话，可以以5为间隔**跳跃计数**。要数4枚5分硬币的话，你可以这样数：5、10、15、20。

　　4枚5分硬币加起来一共是20分。

拓　展

　　你该怎样使用人民币符号来表示5分呢？

1 角 硬 币

卡伦的妈妈有一些写有图书馆开放时间的传单需要卡伦帮忙分发，卡伦每发出一张传单，妈妈将会付给她1角。**1角硬币**是一种薄薄的、圆圆的、价值1角的银色硬币

4枚1角硬币加起来共4角。

拓 展

如果想凑够4角的话，你需要几枚1角硬币？

卡伦通过在图书馆帮忙赚到了钱。

5角硬币

卡伦得到了2枚5角硬币作为报酬。**5角硬币**是一种小小的、圆圆的、金黄色的硬币。卡伦以5为间隔跳跃计数：5、10、15、20。

2枚5角硬币价值100分。每枚5角硬币与50个1分硬币价值一样。1枚5角硬币**等于**5枚1角硬币。

1元

卡伦把她的5角硬币放在家里。她也有纸币。纸币是纸制的货币。价值1元的纸币也被称作**1元纸币**。1元与100分价值一样。要数4元的话，可以这样数：1、2、3、4。

你可以将4元写作"￥4"。

拓 展

除了人民币的符号，你还知道哪些货币符号？

 ×100

100枚1分硬币

 ×20

20 枚5分硬币

 ×10

10 枚1角硬币

=

1元

1元等于100枚1分硬币，等于20枚5分硬币，还等于10枚1角硬币。

面值大的纸币

卡伦还有一些面值1元和10元的纸币。每张1元纸币上都有一个1，以此表明它价值1元，每张10元纸币上都有一个10，以此表明它价值10元。

尝试以10为间隔跳跃计数：

10、20、30、40。

4张10元纸币价值40元。

面值更大的纸币

1张20元纸币的价值等同于20张1元纸币的价值。想想如果有4张20元纸币，加起来总共价值多少？

20、40、60、80。

1张50元纸币的价值等同于50张1元纸币的价值。多少张10元纸币的价值等同于1张50元纸币的价值？5张10元纸币的价值等同于1张50元纸币的价值。

1张100元纸币的价值等同于100张1元纸币的价值。你想要1张100元纸币还是100张1元纸币？

其他钱

卡伦的朋友居住在靠近加拿大的一个小镇。

加拿大流通一种有潜鸟图案的硬币，它被称作**1加元硬币**。加拿大还流通一种被称作**2加元硬币**的硬币，它价值2加元。

来自不同国家的钱看
起来各不相同。

术 语

1分硬币 价值1分的一种小小的、圆圆的、银色的硬币。

5分硬币 价值5分的一种圆圆的、银色的硬币。

1角硬币 价值1角的一种小小的、圆圆的、银色的硬币。

5角硬币 价值5角的一种小小的、圆圆的、金黄色的硬币。

1元纸币 1元的另一种货币形态。

纸币（bill） 纸制的货币。

分（fen） 一种货币单位，相当于1元的百分之一。

硬币（coin） 金属制的货币。

元（yuan，¥） 相当于100分的一笔钱。

等于（equal） 数或数量相等。

角（jiao） 相当于10分的一笔钱。

1加元硬币（loonie） 价值1加元的加拿大硬币。

跳跃计数（skip counting） 以大于1的数为间隔数数。

2加元硬币（toonie） 价值2加元的加拿大硬币。

价值（value） 某物所值。

实验室之旅

　　萨姆喜欢拜访工作中的丽萨阿姨。丽萨阿姨是一名科学家，她在一个实验室工作。丽萨阿姨拥有许多可以**测量**物体的工具。有的工具可以帮助她测量物体的冷热，有的可以帮她测量物体有多高或有多重。萨姆想给丽萨阿姨帮忙。首先，她先要教萨姆如何测量。

丽萨阿姨在实验室中要测量很多物体。

一切都准备好了

丽萨在测量的时候使用国际单位制。国际单位制是全世界的人都使用的一类单位，这样一来，不同地方的人们可以共用同一种方式谈论天气的冷热，也可以使用同样的术语来描述物体的质量。

测量不同的事物会使用不同的工具。丽萨给萨姆讲了一些关于不同的国际单位制的知识，然后他们开始使用工具来练习测量。

▶ **温度计是测量冷热的工具。**

拓展

你可以在牛奶盒或食品包装袋等物体上看到单位。

▶ 我们可以测量
物体能容纳多
少液体。

◀ 我们可以测量物体有
多长。

温度是什么

　　萨姆想知道如何测出物体的冷热。丽萨向他展示了温度计。温度计是测量**温度**的工具。温度计以**摄氏度**作为单位，用来表明摄氏度的符号是"℃"。

　　温度计上有刻度和数，每条刻度代表1摄氏度。温度计中的红色液体上下移动多少取决于温度的变化。丽萨测量了某种液体的温度，温度计中的红色液体的液面位于刻度15处，所以丽萨写下温度：15℃。

丽萨向萨姆展示如何读出温度计的度数。

低温与高温

丽萨说低温意味着物体是冷的，水在0℃时结冰；高温意味着物体是热的，水在100℃时沸腾。

0℃ ←

100℃ ←

拓展

今天的室外温度是多少摄氏度？

萨姆检查了房间内的温度计，温度计显示23℃。这是正常的室内温度。萨姆又把温度计带到了室外，温度计显示34℃。室外很热！

23℃

▶ 知道室外的温度后，我们就知道出去玩要穿什么样的衣服了！

神奇的10

国际单位制单位使用十进制。了解进制有助于人们更好地理解国际单位制单位的测量！

"十"告诉我们：我们有10个物体。"百"意味着10个10，或100。10个100，或1000，被称作"千"。

千	百	十	
1000	100	10	1

把一张纸剪成10片，即10等份，这就制造了十分之一。十分之一在国际单位制中也可以用"分"表示，把"分"加在单位前面，表示倍数或分数单位。

把10个十分之一的纸片每个都再剪成10个更小的纸片，你现在有100个纸片，100等份被称作百分之一（又被称作"厘"）。如果你把这100个纸片每个都再剪成10个更小的纸片，你将会有1000等份，1000等份被称为千分之一（又被称作"毫"）。

分	厘	毫
10等份	100等份	1000等份

测 量

丽萨向萨姆展示了米尺。米尺用来测量长度。

萨姆可以用米尺来测量房间的长度。如果要测量稍短的物体，他应该使用哪种工具呢？丽萨递给萨姆一把厘米尺。萨姆可以使用厘米尺来测量手指的长度或者他的鞋的长度。1米相当于100厘米。

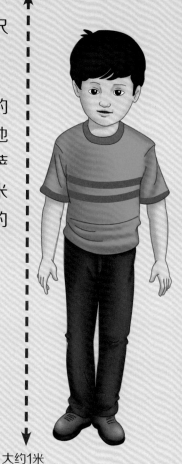

大约1米

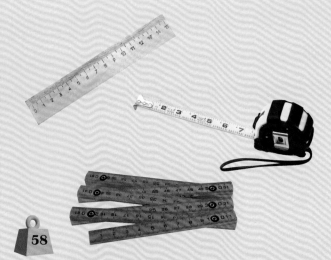

萨姆的身高大约1米。

大约1厘米

◄ 用一把厘米尺来测量你的大拇指。你的大拇指大约1厘米宽。

大约1千米

▲ 环绕场地两圈大约1千米长。

重的材料

丽萨递给萨姆一个空瓶子和一块石头。萨姆注意到两个物品大小差不多。但瓶子很轻，石头却很重。石头内部含有更多的物质，它有更大的**质量**。

丽萨向萨姆展示了**托盘天平**。托盘天平是测量质量的工具。她把石头放在托盘天平的一端，把砝码放在托盘天平的另一端，现在天平平衡了，此时的砝码显示了石头的质量。

石头的质量比瓶子的 ▶
质量大。

用托盘天平测量石头的质量。

拓 展

人们使用托盘天平的历史已有几千年了。如今托盘天平仍被用于测量质量。

重和轻

丽萨以**克**为单位来测量质量。1枚1分硬币重约1克。一些物品的质量甚至更小。想象：把1枚1分硬币分割成1000份。其中的1份仅重约1毫克。那是很轻的！

一些物品质量大一些。1千克就是1000个1克。1块砖重约1千克。丽萨能以千克为单位来测量萨姆的体重。

▶ 萨姆重约35千克。

拓 展

用托盘天平测量出一支铅笔有多少克。

硬币以克为单位来测量。砖以千克为单位来测量。

液体

丽萨递给萨姆一个量杯，然后她让萨姆把它灌满水。这个量杯可容纳1**升**液体。

▲ 量杯测量液体。

丽萨使用滴管向萨姆展示1毫升的量。萨姆记得1000毫升组成1升。丽萨问萨姆一千升是多少。萨姆说一千升就是1000个1升。那是很多水！一个浴缸太小，并不足以容纳一千升水！

▶ 这个水杯可容纳1升水。

这个滴管一次滴一滴水，每20滴大约是1毫升。

水池里的水可以以千升为单位来测量。

术 语

托盘天平（balance）　用来测量质量的一种工具。

摄氏度（degrees Celsius，℃）　温度的单位。

克（gram，g）　质量的单位。

升（liter，L）　体积或容积的单位。

质量（mass）　某物内部所含的物质的数量。

测量（measure）　用工具确定物体的温度或大小。

米（meter，m）　长度的单位。

温度（temperature） 某物的冷热。

温度计（thermometer） 用来测量温度的一种工具。

千 （kilo）	百 （hecto）	十 (deca)		分 （deci）	厘 （centi）	毫 （milli）
1000	100	10	1	10等份	100等份	1000等份